essentials

Essentials liefern aktuelles Wissen in konzentrierter Form. Die Essenz dessen, worauf es als „State-of-the-Art" in der gegenwärtigen Fachdiskussion oder in der Praxis ankommt, komplett mit Zusammenfassung und aktuellen Literaturhinweisen. Essentials informieren schnell, unkompliziert und verständlich

- als Einführung in ein aktuelles Thema aus Ihrem Fachgebiet
- als Einstieg in ein für Sie noch unbekanntes Themenfeld
- als Einblick, um zum Thema mitreden zu können.

Die Bücher in elektronischer und gedruckter Form bringen das Expertenwissen von Springer-Fachautoren kompakt zur Darstellung. Sie sind besonders für die Nutzung als eBook auf Tablet-PCs, eBook-Readern und Smartphones geeignet.

Essentials: Wissensbausteine aus Wirtschaft und Gesellschaft, Medizin, Psychologie und Gesundheitsberufen, Technik und Naturwissenschaften. Von renommierten Autoren der Verlagsmarken Springer Gabler, Springer VS, Springer Medizin, Springer Spektrum, Springer Vieweg und Springer Psychologie.

Dietmar Goldammer

Betriebswirtschaftliche Herausforderungen im Planungsbüro

Schnelleinstieg für Architekten und Bauingenieure

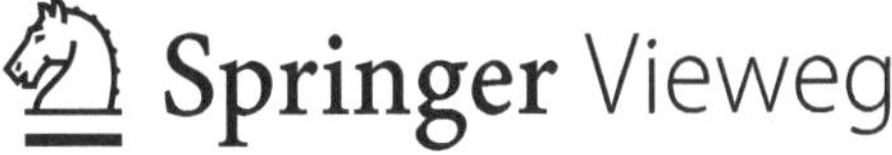

Dr. Dietmar Goldammer
Düsseldorf
Deutschland

ISSN 2197-6708   ISSN 2197-6716 (electronic)
essentials
ISBN 978-3-658-12436-6   ISBN 978-3-658-12437-3 (eBook)
DOI 10.1007/978-3-658-12437-3

Die Deutsche Nationalbibliothek verzeichnet diese Publikation in der Deutschen Nationalbibliografie; detaillierte bibliografische Daten sind im Internet über http://dnb.d-nb.de abrufbar.

Springer Vieweg

Gedruckt auf säurefreiem und chlorfrei gebleichtem Papier

Springer Fachmedien Wiesbaden ist Teil der Fachverlagsgruppe Springer Science+Business Media
(www.springer.com)

Vorwort

Als betriebswirtschaftlicher Unternehmensberater der Planungsbüros und Vorstandsmitglied der „Praxisinitiative erfolgreiches Planungsbüro" (PeP) begleite ich die Architekten und Ingenieure bei ihrer Aufgabe, ihre Unternehmen wirtschaftlich zu führen, denn die meisten Planungsbüros sind nicht groß genug, um sich einen eigenen Betriebswirt leisten zu können.

Viele Inhaber verlassen sich inzwischen auch nicht mehr allein auf ihr Bauchgefühl, sondern kalkulieren ihre Projekte mit Hilfe einer branchengerechten Controlling-Software, haben ihren Internetauftritt professionalisiert, Mitarbeitergespräche eingeführt, neue Partner gefunden, erkennen ihre sog. weichen Erfolgsfaktoren und wissen, was eine Strategie ist.

Aber es gibt natürlich auch immer noch Verbesserungsmöglichkeiten, z. B. bei der Kommunikation besonders am Telefon oder bei der Erreichbarkeit. Es wird zu wenig ausgelobt, welche Vorteile der Arbeitsplatz ohne Hierarchien im Planungsbüro im Vergleich zu einem Konzernunternehmen hat, und die Planungsbüros wissen zu wenig von ihren Kunden.

Jetzt geht es darum, sich auf die aktuellen Herausforderungen vorzubereiten. Dabei stellen sich folgende Fragen: Was werden wir in fünf Jahren machen? Sind wir dann noch richtig organisiert? Brauchen wir eine andere technische Ausrüstung? Ist die erforderliche personelle Qualifikation gegeben? Welche Kunden werden wir dann haben, und brauchen wir neue Partner? Am besten macht man das gemeinsam mit der Mannschaft an einem Freitagnachmittag unter der Überschrift: Wer sind wir, was können wir, wohin wollen wir?

Dietmar Goldammer

Was Sie in diesem Essential finden können

- Zusammenhänge zwischen demographischen und betriebswirtschaftlichen Veränderungen
- Modelle der Unternehmensführung für Planungsbüros
- Dos und Don'ts für eine gelungene interne und externe Büro-Kommunikation
- Tipps, wie Sie Mitarbeiter finden und Mitarbeiter binden
- Möglichkeiten der Nachfolgeregelung

Inhaltsverzeichnis

Einleitung 1

Wir leben in einer Welt voller Veränderungen. Denken Sie z. B. an die Energiewirtschaft, in der ich selbst ursprünglich gearbeitet habe. Noch vor weniger als zehn Jahren wurden die Mitarbeiter dieser Branche um ihren Job beneidet, heute werden sie eher bedauert. Oder denken Sie daran, dass für einige Pensionäre die neueste Technik im Büro die elektrische Schreibmaschine war, die sie noch nicht einmal selbst bedienen mussten, weil sie dafür eine Sekretärin hatten. Auch das Sekretariat als Schreibbüro und Kaffeeküche gibt es nicht mehr. Heute wird das Office-Management in die Kommunikationsprozesse mit den Kunden einbezogen und die Ingenieure in den Planungsbüros schreiben ihre Texte natürlich selbst.

Seit einiger Zeit müssen wir uns an neue Titel bzw. Berufsbezeichnungen gewöhnen. Ich war anfangs auch gegen die Einführung von Bachelor und Master anstelle des Diploms. Aber im internationalen Wettbewerb sind allgemein anerkannte Bezeichnungen erforderlich. Den Begriff Compliance kannte vor ein paar Jahren kaum jemand. Heute wird darunter eine Werteorientierung der sozialen Kompetenz verstanden, die auch Einzug bei den Mittelständlern hält.

Die jungen Ingenieure der Generation Y treten mit ganz anderen Vorstellungen ihren Job an als ihre Vorgänger, und während sich früher mehrere Kandidaten um eine Stelle bewarben, sind die potenziellen Arbeitgeber heute schon froh, wenn überhaupt noch einer kommt. Auch die Mitarbeiter der Planungsbüros müssen als Projektleiter die Verantwortung für den wirtschaftlichen Erfolg ihrer Projekte übernehmen. Dafür brauchen sie eine branchengerechte Controlling-Software, und in manchen Büros würden auch eine neue Organisation sowie eine andere Rechtsform sinnvoll sein.

Manche Mitarbeiter müssen noch lernen, dass auch ihr Planungsbüro ein Unternehmen ist, das Geld erwirtschaften muss, um zu überleben. Nicht allen gefällt das, weil sie besorgt sind, diesen Veränderungen nicht gerecht zu werden. Deshalb bedarf es entsprechender Weiterbildungsprogramme. Manchmal hilft schon eine

© Springer Fachmedien Wiesbaden 2015   1
D. Goldammer, *Betriebswirtschaftliche Herausforderungen im Planungsbüro,*
essentials, DOI 10.1007/978-3-658-12437-3_1

bessere Aufklärung der Mitarbeiter in einem Jahresinformationsgespräch. Akquisitions- und Kommunikationsfähigkeiten sind zu fördern und auszubauen.

In zahlreichen Fällen ist das Problem der Nachfolge noch nicht gelöst und ältere Mitarbeiter brauchen an ihrer Lebenssituation orientierte Arbeitsbedingungen. Beginnen wir also mit den neuen Entwicklungen, z. B. dem demografischen Wandel.

Neue Entwicklungen

2

2.1 Demografischer Wandel

Wir werden immer älter, im Durchschnitt um mehrere Stunden jedes Jahr. Viele sind auch im Alter noch körperlich sowie geistig fit und haben ihr finanzielles Auskommen. Schlechter sind diejenigen dran, die jetzt kurz vor der Rente stehen, kaum noch vorsorgen können und Abschläge bei einer zusätzlichen Lebensversicherung zu erwarten haben, obwohl ihre vierte Lebensphase länger sein wird als bei den Generationen vor ihnen. In der Bevölkerungsentwicklung bewegen sich die Kurven der 19- bis 65-Jährigen und der älter als 65-Jährigen in der Zukunft immer mehr aufeinander zu, erstere werden immer weniger und letztere immer mehr.

Die Zeiten, als bereits 52-Jährige in den Vorruhestand geschickt wurden, sind längst vorbei. Das Rentenalter wird allmählich auf 67 erhöht und die Zahl der Erwerbstätigen unter den 65- bis 69-Jährigen hat in letzter Zeit stark zugenommen. Ob aus finanziellen Gründen oder aus Freude an der Arbeit ist dabei nicht belegt. Große Unternehmen wie Daimler oder Bosch setzen verstärkt Experten ein, die schon im Ruhestand waren.

Die Älteren sind nicht nur Produzenten, sie sind auch Konsumenten, mit ihrer Nachfrage nach Barriere freien Wohnungen, günstigen Verkehrsanbindungen, nahe gelegenen Einkaufsmöglichkeiten und ärztlicher Versorgung. Diejenigen, die noch fit sind, suchen oft nach Möglichkeiten für eine ehrenamtliche Betätigung in ihrer Umgebung. Es wird aber auch immer mehr 70-Jährige geben, die als sog. Aufstocker etwas hinzu verdienen müssen, weil ihre Rente nicht ausreicht.

Die früher geltenden gesetzlichen Einschränkungen für das Hinzuverdienen der Rentner werden wesentlich gelockert. Dadurch wird die Tätigkeit von Senioren jenseits der Altersgrenze von 65 bzw. demnächst 67 Jahren auch von Seiten des Staats gefördert. Wir befinden uns also auf dem Weg in eine Gesellschaft des längeren Lebens und Arbeitens. Die Frage, wann jemand alt ist, wird heute anders

© Springer Fachmedien Wiesbaden 2015

D. Goldammer, *Betriebswirtschaftliche Herausforderungen im Planungsbüro,*
essentials, DOI 10.1007/978-3-658-12437-3_2

beantwortet als noch vor ein paar Jahren. Heute 70-Jährige fühlen sich nicht selten noch 20 Jahre jünger. Für die Planungsbüros sollte das eigentlich eine positive Nachricht sein. Denn die Branche gilt als überaltert. Es gibt bereits Kammern, in denen das Durchschnittsalter der Mitglieder fast 60 Jahre beträgt. Die Älteren kommen vielleicht nicht so professionell mit der Digitalisierung zurecht, aber dafür haben sie oft andere Qualitäten. Oft können sie aufgrund Ihrer langen Berufserfahrung besser mit verärgerten Kunden umgehen, oder sie eignen sich besonders gut als Pate für einen jungen Kollegen, der sich an seinem neuen Arbeitsplatz zunächst orientieren muss.

Der demografische Wandel betrifft die Planungsbüros also sowohl bei ihren Mitarbeitern als auch bei ihren Kunden. Bei Auftraggebern wird sich in Zukunft vermehrt die Frage stellen, wer die eigentlichen Nutzer ihrer Anlagen sind. Die älter werdenden Mitarbeiter in den Planungsbüros, brauchen entsprechend angepasste Aufgaben. Die Unternehmensführung wäre, auch aufgrund der hohen Fluktuationsrate, gut beraten, eine zumindest mittelfristige Personalplanung zu machen, um rechtzeitig zu erkennen, wann ein Personalbedarf ansteht.

Die weitergehende Herausforderung besteht darin, Alt und Jung im Büro sinnvoll zu organisieren. Ältere Menschen haben oft einen anderen Tagesrhythmus als ihre jüngeren Kollegen, das gilt besonders für die täglichen Arbeitszeiten. Auch ältere Menschen haben noch ein Interesse an Weiterbildung, aber anders als die Jüngeren, die mit dem Internet groß geworden sind und die nicht nur eine Familie aufbauen, sondern auch noch für ihr Alter vorsorgen müssen.

Das Zusammenleben von zwei Generationen wird zunehmend auch beim Wohnen ein Thema. Denn Barrierefreiheit braucht nicht nur der in seiner Mobilität eingeschränkte Schwiegervater, sondern auch die junge Mutter mit ihrem Kinderwagen. Nicht nur im Alter sollte man Stolperfallen in der Wohnung vermeiden. Umrüstungen in diesem Bereich nutzen auch der nächsten Generation. In manchen Fällen kann sogar das frühere Kinderzimmer als Unterkunft für eine Haushaltshilfe bzw. Pflegepersonal dienen.

Die wahrscheinlich größte Herausforderung für unsere Gesellschaft besteht darin, genügend bezahlbare Wohnungen für ältere Menschen zu schaffen, in denen sie noch gut alleine leben können. Eine besonders starke Nachfrage wird deshalb nach Wohnungen ohne Treppen mit barrierefreien Badezimmern und möglichst auch einem Hausrufsystem entstehen. Das wiederum wird angesichts des Bedarfs nur möglich sein, wenn nicht nur entsprechende Neubauten erstellt, sondern vorhandene Wohnungen seniorengerecht umgebaut werden. Dafür gibt es einen großen Nachholbedarf, der die eigentliche Herausforderung der Planer darstellt: Die steigende Lebenserwartung in lebenswerten Städten und Häusern zu ermöglichen. Im günstigsten Fall gelingt es dabei sogar, „Brücken" zwischen den Generationen zu bauen.

2.2 Veränderte Arbeitswelt

Wie gerade beschrieben, gehören auch die Älteren zur Arbeitswelt in den Planungsbüros. Eine weitere Gruppe, auf die die Planungsbüros immer mehr zurückgreifen, sind Mitarbeiterinnen, die als Hausfrau und Mutter Ihren Job aufgegeben haben und jetzt wo ihre Kinder älter werden durchaus ansprechbar für eine Mitarbeit und neue Herausforderungen im Planungsbüro wären.

Aufgrund des Fachkräftemangels wären viele Planungsbüros froh, wenn sie eine solche ehemalige Mitarbeiterin wenigstens für eine Teilzeitbeschäftigung wieder gewinnen könnten. Zumal diese den Vorteil haben, die Gepflogenheiten im Unternehmen, die meisten Kollegen und schwierige Kunden noch zu kennen. Daher ist es ratsam, den Kontakt zu solchen ehemaligen Mitarbeiterinnen zu pflegen und aufrechtzuerhalten.

Als ich vor etwa zwei Jahren bei einer Vortragsveranstaltung den Vorschlag gemacht habe, die feste Arbeitszeit abzuschaffen und stattdessen die Voraussetzungen für eine selbstständige eigenverantwortliche Betätigung der Mitarbeiter einzuführen, bin ich damit noch auf großes Erstaunen gestoßen. Inzwischen praktizieren viele Unternehmen die flexible Arbeitszeit bis hin zum Home-Office bereits.

Es gibt noch viele Planungsbüros, in denen die Tätigkeiten und Fähigkeiten der Mitarbeiter hauptsächlich technisch orientiert sind. Sie wissen nichts über die wirtschaftliche Lage ihres Unternehmens, erkennen nicht den Zusammenhang ihrer Leistung mit dem Projektergebnis und zu den Kunden, für die sie arbeiten, haben sie keinen direkten Kontakt. Schuld an dieser Situation haben jedoch oft weniger die Mitarbeiter als deren Chefs, die eine entsprechende Transparenz verhindern. Dies hat zur Folge, dass sich Mitarbeiter am Telefon, im direkten Kontakt mit Kunden und Partnern, oft nicht professionell verhalten. Neu geprägt wird die Arbeitswelt von der sog. Generation Y. Das sind nach allgemeinem Verständnis diejenigen Menschen, die nach 1980 geboren sind. Diese Arbeitnehmer sind qualifiziert und fleißig, aber sie mögen keine Hierarchien. Allein der Begriff „Vorgesetzter" bereitet ihnen schon Bauchschmerzen. Sie brauchen keinen Dienstwagen als Statussymbol. Sie legen Wert auf eine ausgeglichene Balance von Beruf und Familienleben, und die genauso gut ausgebildeten Frauen wollen längst nicht mehr nur noch Hausfrau und Mutter sein. Arbeits- und Freizeit fließen ineinander über. Ortsunabhängigkeit bei der Leistungserbringung (im Büro, unterwegs oder zuhause) ist erstrebenswert. Die Generation Y will nicht nur den Lebensunterhalt verdienen, sondern auch etwas Sinnvolles tun. Sie unterstützen das soziale Engagement ihres Unternehmens. Teilzeitmodelle und Fluktuation sind normal. Vor Arbeitslosigkeit fürchten sie sich nicht, der nächste Arbeitgeber nimmt sie gerne, und sie können im Internet recherchieren, ob es eine Bewertung für den potenziellen Arbeitgeber gibt.

Die Kunst der Unternehmensführung besteht deshalb darin, das neue Rollenverständnis zu akzeptieren, den Älteren die Akzeptanz für ihre jüngeren Kollegen zu vermitteln und der Generation Y, die ihr so wichtigen Freiheiten zuzugestehen. Das bedeutet auch, dass der Chef Verständnis dafür hat, wenn ein Mitarbeiter mittags seinen kleinen Sohn von der Kita abholen möchte, weil seine Frau verhindert ist.

Noch etwas hat sich am Arbeitsmarkt stark verändert, und das ist das Rollenverständnis der Frauen. Während es früher üblich war, dass die Frauen wegen der Familie dauerhaft auf eine berufliche Beschäftigung verzichten, ist das heute ganz anders. Immer mehr Frauen streben eine Berufstätigkeit an, so dass auch in Westdeutschland eine höhere Erwerbsquote der Frauen erreicht wird. In den neuen Bundesländern brauchte man die Frauen als Arbeitskraft schon früher, und jetzt wird auch in den alten Bundesländern das traditionelle Rollenverständnis durch gleichberechtigte Partnerschaften abgelöst.

Dazu gehört auch, dass es für viele Männer der Generation Y selbstverständlich ist, sich die Hausarbeit zu teilen und mehr Zeit mit den Kindern zu verbringen. Aufgrund von Veröffentlichungen des Statistischen Bundesamtes (Welt am Sonntag 2015b) ist der Anteil der der Väter, die Elternzeit nehmen, im Jahr 2013 auf 32 % gestiegen, gegenüber 21 % im Jahr 2008. Größere Freiheiten dürfen natürlich nicht dazu führen, dass niemand mehr erreichbar ist.

Erkennbar wird die neue Arbeitswelt schließlich auch bei der Arbeitsteilung in den Büros. Sekretärinnen, die nur Briefe schreiben, Post bearbeiten oder Kaffee kochen, gibt es nicht mehr. Sie sind es, die bei der Kommunikation mit dem Kunden besonders gefordert werden.

Was für alle Mitarbeiter auch in den Planungsbüros in Zukunft eine größere Rolle spielen wird, ist die Altersvorsorge. Auch kleinere Unternehmen sollten dafür Lösungen anbieten. Denn ein Grund bei einem Unternehmen zu bleiben, ist auch die betriebliche Altersvorsorge, die immer mehr Mitarbeiter einfordern. Der Anteil der Unternehmen, die eine entsprechende Vorsorge mit Hilfe von Versicherungen anbieten ist auch bei den Mittelständlern stark angestiegen. Man muss allerdings auf die erforderliche Anpassung achten, denn die Versicherungen schränken ihre Leistungen wegen des dauerhaft niedrigen Zinsniveaus immer mehr ein. Da der Arbeitgeber bei der betrieblichen Altersvorsorge gegen Gehaltsverzicht auch den Arbeitgeberanteil einspart, gewähren viele Unternehmen ihren Mitarbeitern diese Leistung zusätzlich. Die eigene Absicherung im Alter wird auch für jüngere Leute immer wichtiger. Helfen Sie Ihren Mitarbeitern dabei!

2.3 Wertewandel

Vor einigen Jahren gab es den Begriff Compliance (Goldammer 2015a) noch gar nicht. Es gab zwar in Form der sog. Werteorientierung einen Vorläufer, aber dieser bestand mehr in Bekenntnissen und kaum in entsprechenden Handlungen. Aufgekommen ist dieses Thema im Zusammenhang mit den in größeren Unternehmen stärker vorgekommenen Fällen von Korruption, schwarzen Kassen und Vorteilsnahme. Deshalb ging es bei der Organisation von Gegenmaßnahmen zunächst darum, gesetzliche Bestimmungen unbedingt einzuhalten.

Erst danach werden freiwillige unternehmensinterne Richtlinien eingeführt, die darüber hinaus ein Wohlverhalten des betreffenden Unternehmens garantieren sollen. Dabei geht es um Transparenz, Fairness im Wettbewerb, Umweltschutz oder auch den sparsamen Umgang mit Energie. Indirekt spielen auch Ethik, Normen und Integrität eine Rolle. Zuständig für dieses Ressort ist der Vorstand. Damit auch die Mitarbeiter partizipieren, gibt es entsprechende Weiterbildungsprogramme. Auch in externen Seminaren kann man sich mit diesem Anliegen vertraut machen. Diese Organisation soll in Zukunft verhindern, dass eine Strafverfolgung stattfindet, und vor Image-Verlusten bewahren. Vermieden wird damit z. B. die Planung mit belasteten Stoffen und Materialien, und es gibt auch einen weiteren Begriff für dieses Verhalten, nämlich Corporate Social Responsibility (CSR).

Inzwischen ist Compliance auch beim Mittelstand angekommen, und vielleicht haben dazu auch die in letzter Zeit (kostenmäßig) aus dem Ruder gelaufenen Bauprojekte beigetragen. Im Internet veröffentlichen auch die Planungsbüros mittlerweile ihr Leitbild, das auf ihrer Werteorientierung basiert. Es gibt natürlich auch einen handfesten Grund für Compliance, denn immer mehr zukünftige Auftraggeber, die ein solches Wertesystem praktizieren, erwarten von ihren Auftragnehmern, dass diese sich ebenso verhalten. Wenn Sie wissen wollen, wie andere Unternehmen Social Responsibility praktizieren, dann schauen Sie sich Internet-Auftritte Ihrer Wettbewerber und Auftraggeber an.

Nicht übersehen sollte man auch die Compliance-Risiken, die in der Zusammenarbeit mit Partnern entstehen können. Diskrepanzen zwischen unterschiedlich aufgestellten Partnern gefährden auch den makellos agierenden Partner. Freie Mitarbeiter können beispielsweise ein Compliance-Risiko als sog. Scheinselbstständige darstellen.

Solche Partner sind in der Branche der Planungsbüros oft anzutreffen. Bitte achten Sie darauf, dass Ihre Freien Mitarbeiter wenigstens noch einen anderen Auftraggeber haben, über kein Büro oder Arbeitsplatz in Ihrem Unternehmen verfügen und nicht weisungsgebunden sind.

Gefährdet sind schließlich auch Architekten oder Geotechnik-Ingenieure, die sich von einem Auftraggeber dazu überreden lassen, keine Baugrunduntersuchung zu machen und später im Schadensfall nicht beweisen können, dass sie den Bauherrn auf dieses Risiko aufmerksam gemacht haben. Nach meinem Verständnis wäre es auch fair, wenn der Übergeber eines Unternehmens seinen Nachfolger von dem Risiko befreit, dass aufgrund einer eventuellen Betriebsprüfung durch das Finanzamt Ansprüche für eine frühere Zeit geltend gemacht werden, die den Übernehmer nicht betreffen.

3.1 Sharing Economy

Ein weiterer Begriff taucht neuerdings immer öfter in Nachrichten, Zeitschriften und Abhandlungen auf, und das ist Sharing Economy (Goldammer 2015b), auf Deutsch, Teilen statt Haben. Dabei geht es nicht um ein neues Produkt oder eine neue Technologie, sondern um eine neue Idee, die darauf aufbaut, dass sich mehrere Nutzer z. B. ein Auto oder eine Wohnung teilen, ohne diese zu besitzen.

Zwar ist es in Deutschland immer noch so, dass sich die Menschen nur ungern ihr Haus, ihr Auto oder ihr Fahrrad mit jemandem teilen. Aber auch bei uns Deutschen verliert das Eigentum seine Bedeutung als Statussymbol. Neu ist der Gedanke eigentlich nicht, denn auch bisher konnte man Autos, Fahrräder, Wohnungen, Boote, Rasenmäher, Werkzeuge oder Dienstleistungen für eine bestimmte Zeit mieten bzw. leihen, ohne sie zu kaufen.

So ist es in Unternehmen mit vielen Mitarbeitern im Außendienst schon seit langem üblich, dass diese sich einen Schreibtisch im Büro teilen. Als Selbstständiger kann man sich für eine bestimmte Zeit ein Büro in einem Bürohaus mieten. Auch im privaten Bereich existiert dieses Modell, wenn in einer Zeitungsanzeige die Stadtwohnung im Tausch für ein Feriendomizil während der Urlaubszeit angeboten wird. Es gibt sogar eine Gesellschaft, bei der man als Anteilseigner den Anspruch zur Nutzung eines Appartements im Urlaub anstelle einer Kapitalverzinsung erwerben kann. Im weiteren Sinne sind auch die gemeinsame Nutzung von Bahngleisen oder eine Wohngemeinschaft für Ältere, anstatt einer eigenen Wohnung, Beispiele für die Sharing Economy.

So richtig in Gang gekommen ist dieses Thema aber erst in letzter Zeit durch zwei neue Unternehmen, nämlich Airbnb mit der professionellen Vermittlung von Übernachtungen bei Privatleuten und Uber mit der Vermittlung von Fahrten in privaten Autos. Ob das allerdings zu mehr Wohlstand für alle führt, die sich an der

© Springer Fachmedien Wiesbaden 2015
D. Goldammer, *Betriebswirtschaftliche Herausforderungen im Planungsbüro,*
essentials, DOI 10.1007/978-3-658-12437-3_3

Sharing Economy beteiligen, muss abgewartet werden. Durch die Digitalisierung wird diese Form des Wirtschaftens jedenfalls erleichtert.

Wissenschaftlich untersucht wird die Sharing Economy von dem amerikanischen Wirtschaftswissenschaftler Jeremy Rifkin (2014). Er verspricht sich davon mehr soziales Engagement in Vereinen, Non-Profit-Organisationen und Genossenschaften. Das kann man auch anders sehen. Deshalb sind auch Architekten und Ingenieure gut beraten, diese Entwicklung zu beobachten, zumal sich daraus auch neue Formen des Zusammenlebens von Jungen und Älteren ergeben können. Die Älteren müssen keine Immobilien mehr kaufen, deren Lebensdauer ihre eigene Lebenserwartung überschreitet, und die Jüngeren brauchen nicht mehr zu warten, bis sie den für sie günstigen Wohnraum erben.

Wahrscheinlich werden derartige Tauschgeschäfte auch schon bald direkt zwischen den Partnern abgewickelt. Jedenfalls ist Sharing Economy inzwischen mehr als ein Trend, der den Konsum verändert. In einigen großen Städten wird darin sogar die Möglichkeit einer rationelleren Stadtplanung gesehen.

3.2 Nachhaltigkeit am Bau

Wenn man im Internet den Begriff Nachhaltigkeit eingibt, dann bekommt man den Eindruck, dass zwar viele darüber reden, aber nicht alle das Selbe meinen. Es gibt offenbar keine allgemein anerkannte Begriffsdefinition.

Einvernehmen besteht aber darüber, welche allgemeinen Kriterien den Anspruch auf Nachhaltigkeit erfüllen müssen, nämlich soziale, ökonomische sowie ökologische. Und was bedeutet Nachhaltigkeit am Bau? Ich habe darüber oft mit meinen Seminarteilnehmern diskutiert und die Antworten lauteten: Umweltfreundlichkeit, Energiesparsamkeit und Altersgerechtigkeit (barrierefreies Bauen). Aufgrund einer noch weiter gehenden Definition im Internet (Baunetz Wissen) ist Nachhaltigkeit am Bau: Senkung des Energieverbrauchs und des Verbrauchs von Betriebsmitteln, Einsatz wieder verwertbarer Rohstoffe, Vermeidung von Transportkosten, gefahrlose Rückführung der verseuchten Materialien in den natürlichen Stoffkreislauf und Flächen sparendes Bauen.

Dass diese Botschaft in der Branche der Planungsbüros angekommen ist, kann man unter anderem daran erkennen, dass die Lebenszyklusbetrachtung (Bau, Betrieb, Wirtschaftlichkeit, Nutzung, Vermarktung und Werterhaltung) bei der Planung eine immer größere Rolle spielen wird. Es gibt eine spezielle Zeitschrift (Greenbuilding, nachhaltig planen, bauen und betreiben) und es gibt die Deutsche Gesellschaft für Nachhaltiges Bauen (DGNB). Was noch fehlt, ist eine Ökoeffizienz-Analyse, mit deren Hilfe verschiedene Formen der Nachhaltigkeit (z. B. bei der Energieversorgung) wirtschaftlich vergleichbar gemacht werden.

Ansätze für eine solche Analyse gab es bereits einmal vor zehn Jahren. Dabei wurde das Heizsystem zur Versorgung eines Einfamilienhauses mit verschiedenen Energieträgern und unterschiedlichen Geräten untersucht. Bewertet wurden sowohl (rechenbare) Kosten als Umweltfaktoren und heraus kam eine Kosten/Nutzen-Rechnung für Ökonomie und Ökologie. Diese Initiative ist leider in Vergessenheit geraten, wohl auch deshalb, weil der Stellenwert der Umweltbeeinträchtigung noch nicht hoch genug war.

Das hat sich inzwischen geändert. Beim Bau neuer Häuser wurden oft zu viele Ressourcen verschwendet, meinen viele Experten und favorisieren deshalb neue Ideen für Umbau und Neugestaltung bestehender Gebäude (Welt am Sonntag 2015a). Ziel ist eine bessere Ökoeffizienz mit halbiertem Umweltverbrauch. Damit rückt auch das Thema Nachhaltigkeit in den Vordergrund, und zwar in der neuen Ausprägung als Suffizienz, als besonderes Merkmal für das Bemühen um möglichst geringen Rohstoff- und Energieverbrauch beim Bauen im Bestand.

Ein neuer Trend am Immobilienmarkt besteht auch darin, dass immer mehr Pensionskassen und Versicherungen Immobilien als Kapitalanlage zur Vermietung kaufen. Wegen der großen Liquidität dieser Gesellschaften führt das zu steigenden Preisen. Trotzdem ist es noch eine der wenigen Möglichkeiten, eine akzeptable Verzinsung zu erwirtschaften.

Schließlich erkennen immer mehr Unternehmen, dass die betriebliche Bewirtschaftung ihrer eigenen Immobilien nicht ihr Kerngeschäft ist und vor allem Kosten verursacht, während viel Kapital im Betriebsvermögen fest steckt. Deshalb wird die Bewirtschaftung der Bürogebäude zunehmend Dritten übertragen. Das eröffnet den Planungsbüros einen stärkeren Einstieg in das Facility-Management.

3.3 Frühwarnsysteme

Frühwarnsysteme sollen bewirken, Risiken zu vermeiden und Chancen nicht zu verpassen. Dieser Philosophie folgend erscheint es sinnvoll, zunächst die Risiken zu beschreiben. An erster Stelle steht das Risiko, unrentable Projekte zu bearbeiten, ohne dies rechtzeitig zu merken. Um das zu vermeiden, benötigt man ein Controlling-System mit einer branchengerechten Controlling-Software, die den Projektleiter darauf aufmerksam macht, wenn sein Projekt aus dem Ruder zu laufen droht. Auch für kleinere Büros ist ein solches Instrument unverzichtbar.

An zweiter Stelle kommt das Benchmarking. Dabei geht es darum, die wichtigsten Kennzahlen mit dem Durchschnitt der Branche zu vergleichen. Darauf kommen wir noch zurück. Man kann zwar auch die Entwicklung des eigenen Unternehmens im Zeitvergleich beobachten, aber das ist lange nicht so effizient wie der Betriebsvergleich.

Als drittes Kriterium für die Bedeutung unternehmerischer Risiken kann die Abhängigkeit von wenigen Auftraggebern gesehen werden. Um das zu prüfen, gibt es eine einfache Methode. Ermitteln Sie den durchschnittlichen Umsatz der letzten drei Jahre, setzen Sie dazu den Umsatz Ihrer einzelnen Kunden in diesem Zeitraum in das Verhältnis und Sie wissen, wen Sie besonders pflegen müssen.

Auch ein nicht mehr aktuelles Leistungsspektrum kann zum Problem werden, zumal viele Büros das gar nicht oder zu spät merken, weil sie keine Deckungsbeitragsrechnung für die Fachgebiete machen. Eine weitere Möglichkeit, um das zu erkennen, besteht darin, gemeinsam mit den Mitarbeitern in einem dafür geeigneten Rahmen, z. B. an einem Freitagnachmittag, darüber nachzudenken, was das Unternehmen in fünf Jahren anbieten wird. Leider wird diese Möglichkeit eines gemeinsamen Brainstormings von den Planungsbüros noch wenig genutzt.

Falsche Partner können ein Risiko darstellen, wenn sie nicht gut organisiert sind, zwar der fachliche Ansatz für die Zusammenarbeit stimmt, nicht aber die Unternehmenskultur und wenn sie durch ungeschicktes Verhalten auch den Partner in Schwierigkeiten bringen. Besonders aufpassen müssen die Planungsbüros, wie bereits erklärt, bei der Beschäftigung von Freien Mitarbeitern.

Auch aus dem Rechnungswesen können sich Signale für Risiken ergeben. Analysieren Sie deshalb Ihre Einnahmen/Überschuss-Rechnung bzw. Ihre Gewinn-und Verlust-Rechnung. Wie setzen sich die Kosten und Erlöse zusammen? Welchen Anteil haben die Personalkosten, und welchen Umsatz haben die Fremdleister erwirtschaftet? Wie weichen Umsatz und Ergebnis gegenüber dem Vorjahr voneinander ab? Achten Sie besonders auf die kumulierte Betriebswirtschaftliche Auswertung (BWA) für den Monat Dezember. Bitten Sie Ihren Steuerberater um eine Drei-Jahresübersicht Ihrer Umsätze und Ergebnisse, und vermeiden Sie schließlich die Besteuerung verdeckter Gewinnausschüttungen wegen zu hoher Geschäftsführergehälter oder Inhaberentnahmen. Auch das sollte man mit dem Steuerberater klären.

Noch wenig beachtet und ernst genommen wird ein Fehlverhalten am Telefon, beispielsweise ein unfreundlicher Ton, kein Rückruf, trotz Zusage oder eine ständige Unerreichbarkeit. Deshalb bewirken positive Reaktionen das Gegenteil. Ähnlich differenziert als Risiko und Chance zugleich kann der Aufbau eines neuen Geschäftsfeldes sein.

Während die falsche Einschätzung des Marktpotenzials oder der Anlaufkosten zu einer Belastung führen können, was übrigens auch für die Gründung von Filialen gilt, so sind eine realistische Planung von Kosten und Erlösen, sowie die Begeisterung der Mitarbeiter vielleicht sogar die Basis für eine neue Zukunft des Unternehmens.

Nicht genutzte Chancen kann man in vielen Fördermaßnahmen zur Energieeinsparung und zur Ressourcenschonung insbesondere der KfW sehen. Dabei geht es weniger um Förderungen für die Planungsbüros selbst als für deren Kunden, die es zu erkunden und umzusetzen gilt.

Nicht alle erkennen die Chancen von Beziehungsnetzwerken, für die man allerdings auch etwas tun muss, und die Chancen, die darin bestehen, das Potenzial der eigenen Mitarbeiter zu nutzen. Schließlich geht es um die verpasste Chance zur Übergabe des Unternehmens an einen Nachfolger. Die Folgen sind schmerzlich. Es wird zu wenig bedacht, dass die Übergabe trotz guter Vorbereitung dann doch nicht gelingen kann und es gibt keinen Plan B. Deshalb wird der Zeitbedarf falsch eingeschätzt. Der Senior zögert die Übergabe immer wieder hinaus, weil er seinem Nachfolger diese Aufgabe nicht zutraut oder er selbst Angst davor hat, nachher nicht zu wissen, was er dann machen soll. Das führt letztendlich dazu, dass es keine Übergabe gibt und das Büro vom Markt verschwindet. Dass man das auch anders machen kann, erfahren Sie am Ende dieser Publikation im Abschn. 5.4: Regelung der Nachfolge.

Erfolgreichere Aktivitäten 4

4.1 Fachkräftemangel

Es gibt kaum einen Kongress, kaum eine Fachzeitschrift und kaum eine Nachricht über den Arbeitsmarkt, in der nicht der Fachkräftemangel beklagt wird, und besonders gilt das momentan offensichtlich für Ingenieure. Bisweilen ist sogar vom „War for Talents" die Rede, wenn auf den starken Wettbewerb um qualifizierte Mitarbeiter aufmerksam gemacht werden soll.

Bezogen auf das Gehaltsniveau, das kleine und mittelständische Planungsbüros ihren Mitarbeitern bieten können, verlieren sie im Wettbewerb mit den großen Unternehmen. Aber sie können Arbeitnehmern andere Vorteile bieten. Das Problem ist nur, dass potenziellen Kandidaten dies oft nicht wissen, weil sie zur selten auf die Idee kommen, sich den Internet-Auftritt eines Planungsbüros anzuschauen. Dazu kommt, dass viele Büros Aspekte der Mitarbeiterakquise in ihrem Internet vernachlässigen. Außerdem haben viele Büros in ihrem Internet noch keine Vorstellung für potenzielle neue Mitarbeiter. Was also ist zu tun?

Erfreulich ist jedenfalls, dass auch die Kammern sich mehr um den Nachwuchs kümmern, so z. B. die Bayerische Ingenieurekammer mit ihrem Netzwerk-Abend und ein Zusammenschluss von Ingenieurkammern aus zwölf Bundesländern, die gemeinsam den Schülerwettbewerb „über DACHT" ausloben, um bereits Schüler für den Ingenieurberuf zu interessieren. Einige Kammern gehen noch einen Schritt weiter und beteiligen sich an Firmen-Kontakt-Messen der Hochschulen.

Neue Mitarbeiter, die von der Hochschule kommen, könnten Head Hunter für ehemalige Kommilitonen werden. Es gibt regionale Fachmessen, wie beispielsweise den Düsseldorfer Karrieretag, wo auch die Planungsbüros Kontakte zu potenziellen Mitarbeitern bekommen können, die manchmal noch im Studium sind, denen sie aber beispielsweise ein Praktikum oder ihre Unterstützung bei der Diplomarbeit anbieten können.

© Springer Fachmedien Wiesbaden 2015
D. Goldammer, *Betriebswirtschaftliche Herausforderungen im Planungsbüro,*
essentials, DOI 10.1007/978-3-658-12437-3_4

Immer mehr Kandidaten bewegen sich im Internet, gehen bei Xing oder LinkedIn auf die Suche oder bieten sich als zukünftigen Mitarbeiter und Arbeitssuchenden dort sogar selbst an. Außerdem werben immer häufiger die Unternehmen selbst bei potenziellen neuen Mitarbeitern und nicht umgekehrt. Planungsbüros sollten natürlich auch ihre Vorteile gegenüber den großen Unternehmen hervorheben, die mehr immaterieller als materieller Natur sind. Das können beispielsweise flache Hierarchien, ein angenehmes Arbeitsumfeld und eine kameradschaftliche Zusammenarbeit mit den Kollegen sein. Ich habe bereits in meinem Buch (Goldammer 2014a) auf die Attraktivität des Arbeitsplatzes im Planungsbüro aufmerksam gemacht.

Inzwischen engagieren sich vermehrt Unternehmen bei der Gesundheitsvorsorge für ihre Mitarbeiter, z. B. durch die Förderung zur Teilnahme an speziellen sportlichen Trainings. Kita-Plätze für Kinder der Mitarbeiter werden unterstützt, oder sie bemühen sich sogar um einen Job für die Partnerin/den Partner eines potenziellen Mitarbeiters, weil dieser sonst nicht in eine andere Stadt ziehen kann oder möchte. Es werden Einkäufe für die Mitarbeiter organisiert. Fortschrittliche Unternehmen scheuen nicht den Aufwand bei der Nutzung von steuerfreien Sachbezügen und sie verstehen es, die Unfallversicherung für ihre Mitarbeiter, die relativ niedrige Prämien des Unternehmens erfordert, entsprechend hervorzuheben.

Es gibt aber immer noch viele Büros, in denen die Mitarbeiter nicht den eigentlichen Sinn ihres Tuns verstehen. Sie erledigen begrenzte Teilaufgaben und der Zusammenhang für das Ganze ist für Sie nicht erkennbar bzw. wird ihnen von der Unternehmensleitung nicht vermittelt. Das nimmt besonders die Generation Y übel. Eine ähnliche „Unsitte" ist es, den Mitarbeitern nicht transparent darzustellen, welche Ergebnisse aufgrund der gemeinsamen Zusammenarbeit erreicht worden sind. Machen Sie wenigstens einmal im Jahr ein Informationsgespräch über die wichtigsten Ereignisse und Ergebnisse des Jahres.

Schließlich gibt es ein Reservoir für noch weiter zu bildende Fachkräfte, das erst im Zuge des Fachkräftemangels von den Unternehmen entdeckt wird, das sind die Studienabbrecher. Ihr Anteil an der Zahl der Studierenden beträgt z. T. mehr als 30 % mit steigender Tendenz, und sie leiden unter dem Image als Berufsversager, obwohl aus Studienabbrechern viele bekannte und erfolgreiche Unternehmer hervorgegangen sind.

Es macht also Sinn, sich diesen Personenkreis genauer anzuschauen und die individuell unterschiedlichen Gründe für den Studienabbruch zu erkunden. Dabei wird sich herausstellen, dass ein Studienabbruch nicht bedeutet, dass die Person fachlich komplett versagt hat und als potenzieller Mitarbeiter völlig ungeeignet ist. Die steigende Nachfrage nach Studienabbrechern könnte auch für die Planungsbüros interessant sein und dazu beitragen, dass sich auch für diesen Personenkreis neue Chancen auf dem Arbeitsmarkt ergeben.

Wenn es Ihnen gelungen ist, einen potenziellen Bewerber neugierig zu machen und er sich in Ihrem Büro vorstellen möchte, dann gehen Sie bitte davon aus, dass er oder sie sich bereits über das Unternehmen informiert haben und gezielt Fragen stellen wird, z. B:

- Gibt es eine Erfolgsbeteiligung?
- Existiert eine Altersvorsorge?
- Über welche technische Ausrüstung verfügt das Unternehmen?
- Wer sind die wichtigsten Kunden und Wettbewerber?
- Welche Möglichkeiten einer flexiblen Arbeitszeit gibt es?
- Wie erfahre ich, ob meine Arbeit gut war?
- Wie ist das Unternehmen organisiert?
- Gibt es (später) die Möglichkeit einer Auszeit?
- Engagiert sich das Unternehmen für soziale Zwecke?
- Welchen Verbänden gehört das Unternehmen an?
- Gibt es ein Personalentwicklungskonzept?
- Nimmt die Unternehmensführung Rücksicht auf die Vereinbarkeit von Familie und Beruf?

Auch Sie als Arbeitgeber sollten sich vor dem Bewerbungsgespräch überlegen, wie sie sich darstellen und was sie von den Bewerbern wissen wollen, z. B:

- Was haben Sie bisher gemacht?
- Wie sind Sie auf unser Unternehmen aufmerksam geworden?
- Kennen Sie uns bereits?
- Was ist Ihr persönliches Ziel?
- Welche Vorstellungen haben Sie bezüglich der finanziellen Entlohnung?
- Würden Sie auch die wirtschaftliche Verantwortung für Ihre Projekte übernehmen?
- Wer ist nach Ihrer Meinung für die Akquisition zuständig?
- Kennen Sie unsere Branche bereits?
- Haben Sie Interesse an der Berufspolitik?
- Wie wichtig sind Ihnen Ethik und Werteorientierung?
- Was verstehen Sie unter Nachhaltigkeit am Bau?

Da die meisten Kandidaten sich bereits vor dem Gespräch über den potenziellen Arbeitgeber informieren, sollten die Planungsbüros über eine entsprechende Darstellung in ihrem Internet-Auftritt verfügen. Eine Anregung stellt folgender Vorschlag dar:

- Unser Unternehmen existiert seit …, ist unabhängig von anderen Interessen und wird von den beiden Inhabern geführt.
- Wir begrüßen es, wenn jemand schon als Diplomand oder Praktikant zu uns kommt.
- Am Anfang kümmert sich ein „Pate" um seinen neuen Kollegen.
- Unser Vergütungssystem ist leistungsgerecht und wird regelmäßig überprüft.
- Von Prämien für einzelne halten wir nichts, das würde nur unseren Teamgeist gefährden, wohl aber von besonderen Auslobungen für alle, wenn wir gemeinsam Erfolg haben.
- Hierarchien brauchen wir nicht, dafür aber Mitarbeiter, die in eigener Verantwortung ihre Projekte erfolgreich bearbeiten.
- Bei uns kommt es auch vor, dass Mitarbeiter die Initiative ergreifen und Freunde und Bekannte ansprechen, ob sie nicht zu uns kommen wollen.
- Wir möchten neue zu uns passende Mitarbeiter nicht nur bekommen, sondern auch behalten. Deshalb kümmern wir uns um eine individuelle Weiterbildung.
- Besonders attraktiv kann der Erwerb einer Zusatzqualifikation sein, mit der ein Mitarbeiter dafür sorgt, dass wir neue Aufträge bekommen.
- Neue Mitarbeiter bekommen schnell direkten Kontakt zu unseren Kunden und werden in unser Netzwerk eingebunden.
- Als Dienstleistungsunternehmen ist es erforderlich, mit anderen Partnern zusammen zu arbeiten. Unsere Mitarbeiter sind deshalb besonders kommunikations- und kooperationsfähig.

4.2   Kommunikation

Ein potenzieller Bauherr geht in einem attraktiven Viertel seiner Stadt spazieren, entdeckt ein besonders schönes Haus, das ihm gefällt, klingelt an der Haustür und fragt den Besitzer, wer der Architekt dieses Hauses ist. Das war gestern.

Heute präsentieren sich Architekten und Ingenieure im Internet und informieren über ihr Leistungsspektrum, um an Aufträge zu gelangen. Aber ein Marktplatz, auf dem man sich jederzeit Kosten deckende Projekte abholen kann, ist das Internet leider nicht.

Deshalb sollten Planungsbüros mehrgleisig fahren und darüber hinaus über weitere Kommunikationsmittel verfügen, beispielsweise ein Unternehmensportrait in Form eines Flyers, sowie einen Kundeninformationsbrief. Auch die telefonische Erreichbarkeit und das Verhalten am Telefon sollten überdacht werden.

Wenn es noch immer Büros gibt, die am Freitagnachmittag geschlossen sind, dann sollte man darüber nachdenken, eingehende Anrufe auf den Mobilanschluss eines Mitarbeiters umzuleiten, um zu vermeiden, dass sich nur ein automatischer Anrufbeantworter meldet.

Am Telefon fällt es manchen Mitarbeiterinnen schwer, sich richtig zu verhalten, wenn ein aufgeregter Kunde sich beschwert oder etwas reklamiert, aber sie wurden auf solche Fälle auch nicht vorbereitet und ihnen fehlt meist die Erfahrung im Umgang mit schwierigen Gesprächspartnern. In anderen Publikationen (Goldammer 2014a, 2015a) habe ich das Thema Kommunikation bzw. das Marketing bereits ausführlich beschrieben. In der Praxis kann man feststellen, dass sich in den Planungsbüros diesbezüglich schon viel getan hat. Es gibt kaum noch Büros ohne Internet-Auftritt, wobei nicht jeder Auftritt professionell ist. Besonders verbreitet ist der Fehler, den Text aus dem Flyer 1 zu 1 in den Internet-Auftritt zu übernehmen und dort unverändert stehen zu lassen und nicht zu aktualisieren, selbst dann, wenn bereits neue Gesellschafter tätig geworden sind.

Bei ihrer Selbstdarstellung kämpfen Planer oft zwischen persönlicher Überheblichkeit und falscher Bescheidenheit. Solche Texte wirken dann wenig aussagefähig. Deshalb kann es sehr sinnvoll sein, sich bei dieser Aufgabe von einem Experten beraten zu lassen.

Erfreulicherweise gibt es auch viele positive Beispiele von einem gelungenen Internetauftritt und man ist so beeindruckt von einer gelungenen Head-Line, dass man direkt dort anrufen möchte. Nur, wo steht eigentlich die Telefonnummer und wer ist der Ansprechpartner?

Zur professionellen Kommunikation gehört auch, mit säumigen Zahlern richtig umzugehen. Die Methode, 1. Mahnung, 2. Mahnung, Anwalt, Prozess, ist dafür nicht geeignet. Man sollte sich schon die Mühe machen, die Hintergründe zu erfahren, um zu wissen, ob jemand ein notorischer Spätzahler ist oder ob es andere, nicht selbstverschuldete Gründe gibt, beispielsweise weil der Kunde selbst ein ähnliches Problem mit einem großen Kunden hat.

Manche Büros haben gute Erfahrungen damit gemacht, den Kontakt zu einem wichtigen Kunden nur über einen bestimmten Ansprechpartner laufen zu lassen, der im Unternehmen weitere Mitarbeiter koordiniert und dem Auftraggeber erspart, sich alle Namen, Telefonnummern und Zuständigkeiten für verschiedene Anlässe zu merken. Da es wohl in jedem Unternehmen Kunden oder Partner gibt, die zu den schwierigen Typen im Umgang gehören, empfiehlt es sich zu überlegen, wer im Büro am besten mit ihnen umgehen kann.

Es gibt viele Beispiele für eine gelungene Kommunikation, aber oft fehlt eine umfassende Marketing-Konzeption. Diese beginnt bereits beim Firmenschild in einem Bürogebäude mit mehreren Parteien. Es geht weiter mit einer professionellen Selbstdarstellung, der Einbindung der Mitarbeiter in die Kommunikation, dem Lesen, der Auswertung und Weitergabe wichtiger externer Informationen. Die

Daten der Kunden müssen gesammelt und strukturiert werden und für die Auftragsbeschaffung sollten sich alle zuständig fühlen., Die Verbesserung der Kommunikation im Unternehmen stellt einen wichtigen Baustein für eine erfolgreiche Unternehmensführung dar. Dennoch liegt die Wichtigkeit des Themas Kommunikation immer noch weit hinter Themen wie Controlling oder neuerdings Personalmanagement zurück. Das kann man deutlich an den Teilnehmerzahlen für entsprechende Seminare ablesen.

Schließlich möchte ich in diesem Kapitel auf eine neue Kommunikationsform aufmerksam machen, die sich auch für Planungsbüros eignet, und das ist das „Story Telling" (So finden Sie Ihre Geschichte 2015). Die Geschichte eines erfolgreichen Unternehmens zu erzählen, wird besonders bei Mittelständlern immer beliebter, vielleicht auch deswegen, weil die eigene Geschichte nicht kopiert werden kann. Es gibt auch bereits spezielle Agenturen, die ihre Hilfe dafür anbieten. In Zeiten der Informationsflut mit Daten wirkt eine gut erzählte Geschichte, die das Unternehmen einmalig macht, geradezu wohltuend und sowohl Kunden als auch (potenzielle) Mitarbeiter fühlen sich angesprochen. Inhabergeführte Unternehmen sind dabei oft glaubwürdiger und authentischer als große, und besonders bietet es sich an, dass der Senior sich dieser Aufgabe mit der Schilderung seiner Erlebnisse annimmt.

4.3 Strategische Allianzen

Wenn man nach den Perspektiven der Planungsbüros fragt, dann wird zunehmend der Trend zu Partnerschaften erwähnt, und zwar weniger zu ad hoc-Partnerschaften als zu strategischen Allianzen. Normalerweise ist ein solches Engagement ein Vorteil für beide Partner, den sie ohne eine derartige Partnerschaft nicht erreichen würden. Aber es gibt dabei natürlich auch Risiken. Deshalb wird es erforderlich, vorher detailliert die Vor- und Nachteile abzuklopfen.

Eine verbreitete Befürchtung besteht bei unterschiedlich großen Partnern darin, dass der Kleinere von dem Größeren ausgenutzt wird. Dieses Risiko ist dann gering, wenn der kleinere Partner über ein spezielles Know-how verfügt, das der größere nicht hat und beide auch keine direkten Wettbewerber waren. Da ist auch meistens der Fall. Kritisch wird die Situation aber, wenn sich gleiche Fachgebiete zu einer Allianz zusammenfinden, um z. B. eine bessere Ausgangssituation zu erzeugen oder unterschiedliche Stark- und Schwachlastzeiten auszugleichen. In diesem Fall müssen Regelungen getroffen werden, die beim Eintritt bestimmter Fälle auch eine Auflösung der Partnerschaft ermöglichen.

Die Vorteile einer solchen Kooperation können auch darin bestehen, auf diese Weise neue Kunden zu gewinnen oder an größere Aufträge heran zu kommen. Auch dann sollten die Partner darauf achten, dass ihre Ziele und Unternehmenskulturen zusammenpassen.

Keine strategische Allianz, sondern eine interne Partnerschaft ist die Zusammenarbeit mit Freien Mitarbeitern und Unterauftragnehmern, weil diese nach außen nicht in Erscheinung treten. Eine besondere Form der strategischen Allianz sind Joint Ventures mit einem ausländischen Unternehmen, das für ein Planungsbüro im Ausland tätig wird. Derartige Gemeinschaftsunternehmen sind schon deshalb sinnvoll, weil der ausländische Partner vor Ort den besseren Zugang zum Markt hat und über Kontakte, Ortskenntnisse sowie Beziehungen verfügt.

Die Hersteller von Building Information Modelling (BIM)- Software werben damit, dass durch BIM eine bereichsübergreifende Tätigkeit für Planung, Ausführung und Beschaffung zustande kommt, die die Zusammenarbeit der betreffenden Partner wesentlich erleichtert.

Darüber hinaus sollten folgende Aspekte beachtet werden: Das Know-how wird um das des Partners erweitert. Man bekommt Zugang zu neuen Netzwerken. Es ergeben sich Anregungen für neue Organisationsformen. Förderprogramme des Bundeswirtschaftsministeriums und der EU können genutzt werden. Jeder Partner muss einen Teil seiner Selbständigkeit aufgeben. Die jeweiligen Mitarbeiter müssen einbezogen werden. Regelmäßige Kommunikation ist Pflicht. Spezielle Gesellschaftsgründungen sind nicht erforderlich, aber klare Absprachen über Zuständigkeiten, und die Chemie muss stimmen.

Eine spezielle Form der Kooperation taucht neuerdings bei der Übergabe von Planungsbüros auf, indem der potenzielle Übernehmer und der potenzielle Übergeber zunächst noch ohne Fusion bereits zusammenarbeiten. Dabei geht die Sorge, eine falsche Entscheidung zu treffen, eher vom Käufer als vom Verkäufer aus. Denn der ist darauf angewiesen, dass der Erfolg auch so eintritt, wie er ihn als Annahme für den Kaufpreis eingeschätzt hat, und dass ihm sowohl die qualifizierten Mitarbeiter als auch die wichtigsten Kunden erhalten bleiben.

Die Vereinbarung einer solchen vorhergehenden Partnerschaft bietet außerdem die Möglichkeit, bei gemeinsamen Projekten zu testen, ob die Teams auch wirklich zueinander passen. Wenn es dann zu einer Übergabe kommt, wird in den meisten Fällen vereinbart, dass der Verkäufer dem Unternehmen noch eine Zeit lang als Berater zur Seite steht und mit für die Erhaltung der „weichen" Erfolgsfaktoren sorgen kann.

Neu ist für die Planungsbüros, ihre Unternehmen in Form der Partnerschaft mit beschränkter Berufshaftpflicht (mbB) zu organisieren, die in den einzelnen Bundesländern zur neuen gesetzlichen Grundlage wird. Auf diese Weise können die Vorteile einer freiberuflichen Tätigkeit mit der Haftungsbegrenzung einer Kapitalgesellschaft verbunden werden. Diese Gesellschaftsform bleibt eine Personengesellschaft, die im Unterschied zur GmbH nicht gewerbesteuerpflichtig wird und trotzdem die Haftung auf das Partnerschaftsvermögen begrenzen kann. Das Privatvermögen bleibt unangetastet. Da viele Büros gerade über eine neue Rechtsform nachdenken, wäre das eine interessante Alternative, und besonders bietet sie sich für eine persönliche Nachfolge an. Die dabei bisher oft übliche Organisation in Form einer Gesellschaft des bürgerlichen Rechts (GbR) zumindest in der Übergangszeit kennt keine Haftungsbeschränkung.

4.4 Unternehmensführung

Nachdem die Organisation, die Mitarbeiter, die Kommunikation und die Partnerschaften als neue Herausforderungen angesprochen wurden, stellt sich nun zwangsläufig die Frage, welchen Herausforderungen sich die Inhaber selbst stellen müssen. Dabei fällt zunächst auf, dass nicht nur die Generation Y keine Lust mehr hat, ständig zu arbeiten, sondern dass die Generation X wenig Lust verspürt, unternehmerische Verantwortung zu übernehmen. Mit ein paar Beispielen möchte ich diese Situation illustrieren.

Vor kurzem erreichte mich die E-Mail eines früheren Seminarteilnehmers, der als potenzieller Nachfolger mit einem weiteren Kollegen in seinem Unternehmen darum bat, dass ich die vorgesehene Übergabe mit den beiden Senioren zusammen mit ihnen begleite. Wir haben direkt einen Termin vereinbart und als ich dort an einem Mittwoch ankam, eröffneten mir die beiden Senioren, dass der Organisator dieses Treffens völlig überraschend am Montag seine Kündigung eingereicht habe. Ich habe mit den beiden Senioren und dem verbliebenen Nachfolger über einen möglichen Nachfolger gesprochen und wie sie nun mit Hilfe ihres Verbandes weiterkommen könnten. Aber als ich von dem noch verbliebenen potenziellen Nachfolger zwei Wochen später wissen wollte, zu welchem Ergebnis sie gekommen wären, eröffnete mir dieser, dass auch er inzwischen gekündigt habe.

Ein anderes Beispiel: Ein erfolgreicher Ingenieur, 40 Jahre alt, in einem Planungsbüro in Hannover tätig, erhält das Angebot von einem Planungsbüro in Köln, die Nachfolge einer der beiden Inhaber anzutreten. Man war sich schnell über die Bedingungen einig, aber es musste auch noch die Familie des Ingenieurs von dieser Veränderung überzeugt werden. Die Frau war als Lehrerin tätig und würde Schwierigkeiten haben, diese Tätigkeit in einem anderen Bundesland auszuüben. Die beiden Kinder, 11 und 13 Jahre alt, müssten ihre Schule und ihre gewohnte

Umgebung aufgeben. Lohnt sich das alles für einen Wechsel, selbst bei dieser Perspektive? Der Ingenieur sagte ab!

Noch zwei Beispiele: Der Inhaber eines Architekturbüros quält sich lange mit der Entscheidung, welchem seiner Mitarbeiter er die Nachfolge anbieten soll. Als er sich endlich durchringt und diesem die frohe Botschaft verkündet, erklärt der, dass er nicht Unternehmer werden wolle. Der Senior hatte ihn leider nicht vorher gefragt. Das hat ein anderer Inhaber etwas besser gemacht. Er hatte mich vor dem gemeinsamen Gespräch zur Unternehmensbewertung gebeten, auch seinen Kandidaten zu beurteilen, den er ausgeguckt hatte. Und was war das Ergebnis? Der Kandidat war sehr interessiert, aber ich musste dem Inhaber beibringen, dass dieser Mitarbeiter m. E. nie ein Unternehmer werden würde.

Es gibt natürlich auch viele positive Beispiele für engagierte Inhaber. Z. B. denke ich an einen Unternehmer, der zu einem Kammerseminar über Controlling kommen wollte, das aber mangels genügender Teilnehmerzahl ausfiel. Er organisierte kurzerhand ein eigenes Seminar mit drei weiteren Kollegen an seinem Standort. Oder schauen Sie in das Deutsche Ingenieurblatt (DIB), wo die Inhaber von Planungsbüros voller Begeisterung über ihre wirtschaftliche Unternehmensführung mit Hilfe einer Controlling-Software berichten.

Warum erzähle ich diese Beispiele? Die Antwort ist einfach. Ich möchte damit die Unternehmer empfänglich für ihre unternehmerischen Aufgaben machen, und zwar nicht erst, wenn sie kurz vor der Übergabe stehen. Ich denke dabei beispielsweise auch an den sog. Notfallkoffer, den auch ein jüngerer Unternehmer für den Fall seines Ausfalls bereit halten sollte, und der Vollmachten, einen Vertretungsplan, wichtige Adressen, Passwörter, Codes und Pins, Ansprechpartner, Anweisungen für wichtige Projekte und Verzeichnisse der Schlüssel beinhalten sollte.

Es gibt außerdem in jedem Büro Aufgaben, die der Inhaber nicht delegieren kann. Dabei denke ich insbesondere an Strategie, Organisation, Selbstdarstellung, Mitarbeiterführung, Partnerschaften und die Unternehmensplanung. Es sollte selbstverständlich sein, dass diese Aspekte nicht nur beim Start eines Unternehmens entschieden, sondern auch zwischendurch auf den Prüfstand gestellt werden müssen.

Damit Unternehmern das gelingt, schlage ich vor, zunächst über ihre persönliche Situation nachzudenken und dabei folgende Fragen zu stellen:

- Wie bin ich auf die Idee gekommen, mich selbstständig zu machen?
- Wie hat alles einmal angefangen?
- Was waren meine Ziele?
- Wer oder was hat mir seinerzeit geholfen, diese zu erreichen?
- Ist das Unternehmen für mich Beruf oder Berufung?

- Wie steht meine Familie zu mir als Unternehmer?
- Weiß ich, wer mein Unternehmen fortführen könnte?
- Wer sind meine besten beiden Mitarbeiter?
- Würde ich mich noch einmal für diese Aufgabe entscheiden?

Schließlich möchte ich die Inhaber auf die wohl beste Möglichkeit zur Ermittlung ihrer Wirtschaftlichkeit aufmerksam machen und das ist der Vergleich mit den Branchenkennzahlen.

Stärkere Zukunftsorientierung 5

5.1 Kennzahlen

Unternehmensführung mit Kennzahlen ist in der Branche schon seit vielen Jahren aufgrund entsprechender Erhebungen der Fachverbände möglich. Auch die Kammern berichten bisweilen über die Wirtschaftlichkeit ihrer Mitglieder in Form von Kennzahlen. Jetzt gibt es außerdem eine Erhebung von PeP für die Kennzahlen der dort organisierten Controlling-Software-Hersteller. Beschrieben wird das in einer Broschüre (Schramm et al. 2014).

Der Vergleich der eigenen Kennzahlen mit diesen Durchschnittswerten ist eine gute Hilfe bei der Erkennung von Schwachstellen, aber auch von positiven Abweichungen. Allerdings muss man darauf achten, dass die eigenen Kennzahlen nach derselben Definition ermittelt werden, und man darf nicht den Fehler machen, lediglich einzelne Kennzahlen herauszugreifen, weil das zu falschen Annahmen führen kann. Das gilt z. B. für den Zusammenhang zwischen Umsatz pro Mitarbeiter und dem Anteil der Fremdleistungen. Unterdurchschnittliche Fremdleistungen führen zu niedrigeren Umsätzen pro Mitarbeiter und umgekehrt. Bisweilen passiert es auch, dass der Inhaber einer Einzelfirma vergisst, das kalkulatorische Inhabergehalt vom Ergebnis seiner Firma abzuziehen, bevor er die Umsatzrendite ermittelt, die dann natürlich zu hoch ist.

Die Inhaber und Geschäftsführer sind außerdem gut beraten, diesen Vergleich nicht nur einmal zu machen, sondern in Form eines „Beobachtungsstandes" die wichtigsten Kennzahlen auf Dauer im Auge zu behalten. Das gilt für den Umsatz pro Mitarbeiter, den Anteil der Fremdleistungen, den Projektstundenanteil an den Sollstunden, den Gemeinkostenfaktor (Gesamtkosten ohne Fremdleistungen im Verhältnis zu den Bruttogehältern während der Projektzeit), den Bürostundensatz (Einnahmen dividiert durch die Anzahl der Projektstunden) und die bereits erwähnte Umsatzrendite.

© Springer Fachmedien Wiesbaden 2015
D. Goldammer, *Betriebswirtschaftliche Herausforderungen im Planungsbüro,*
essentials, DOI 10.1007/978-3-658-12437-3_5

Ergänzend zu diesen entscheidenden Faktoren ist es nützlich, auch weitere Faktoren zu beobachten. Das gilt z. B. für die absoluten Personalkosten, den Anteil der ausstehenden Forderungen oder auch die Fluktuationsquote. Auch dafür gibt es in der Branche Vergleichszahlen.

Ich schlage außerdem vor, ein paar weitere Kenngrößen, für die es keine Vergleichswerte gibt, in dieses Überwachungssystem einzubeziehen. Dabei denke ich an die etwaige Abhängigkeit von wenigen Kunden, die Reklamationsquote, die Besucherzahl auf der Homepage, die Deckungsbeiträge der Fachgebiete (und ggfs. Außenstellen), die Mitarbeiterzufriedenheit (aufgrund der Mitarbeitergespräche) und (wenn es entsprechende Erhebungen gibt) die Kundenzufriedenheit.

In noch weiterem Sinne sind auch bestimmte Termine Kennzahlen, z. B. die Gratulation zu einem Ereignis bei einem wichtigen Kunden, die zu verpassen peinlich sein kann. Oder denken Sie an Kündigungstermine in Verträgen und Aktionstermine in Wieder-Vorlage-Systemen. Fast alle diese Größen eignen sich als Basis für die Unternehmensplanung, die leider noch von wenigen Planungsbüros betrieben wird.

5.2 Unternehmensplanung

Die wohl bekannteste Form der Unternehmensplanung ist der Businessplan, und obwohl heute sogar ein junger Ingenieur, der sich selbständig machen möchte und dafür Fördermittel in Anspruch nehmen kann, einen Businessplan vorlegen muss, gibt es einen solchen Plan bei den längst bestehenden Planungsbüros noch recht selten. Ich möchte deshalb den Anstoß zu einer entsprechenden Aktivität geben und an den Businessplaner folgende Fragen stellen:

- Welche Leistungen werden angeboten?
- Auf welchen Markt bezieht sich das Angebot?
- Wer ist die Zielgruppe?
- Wer sind die Wettbewerber?
- Was ist das Alleinstellungsmerkmal (USP)?
- Mit welcher Mannschaft arbeitet das Unternehmen?
- Welche Partner werden benötigt?
- Was sind die kritischen Erfolgsfaktoren?
- Welches Marketing-Konzept gibt es?
- Welches Controlling-System wird eingesetzt?
- Welche Geschäftsausstattung gibt es?
- Besteht eine ausreichende (Haftpflicht-)Versicherung?

- Welche Normen und Werte sollen gelten?
- Welche Chancen und Risiken gibt es?
- Welche Trends und Perspektiven zeichnen sich ab?
- Welche Entwicklungen könnten uns beeinflussen, und welche Kennzahlen können wir zum Soll/Ist-Vergleich für die nächsten 3 Jahre einplanen?

Wenn die Planungsbüros das mehrheitlich machen würden, brauchte man (bei der Unternehmensbewertung) auch nicht mehr die Ertragswerte aus der Vergangenheit zugrunde legen und mit Hilfe eines Kapitalisierungsfaktors in die Zukunft hoch rechnen.

Im persönlichen Gespräch mit erfolgreichen Inhabern kann man bisweilen den Eindruck gewinnen, dass diese noch nie über ihr eigenes Ziel nachgedacht haben und dann natürlich auch nicht über den Plan zur Erreichung eines solchen Ziels. Wenn man dann etwas tiefer „gräbt", sind sie selbst überrascht, wie gut ihnen die Unternehmensführung ohne konkreten Plan gelungen ist. Und sie erkennen erst dann, was sie besser können als andere, was ihr persönliches Alleinstellungsmerkmal ist. Ich bin überrascht, zu erfahren, dass es auch solche Unternehmer gibt, die sich regelmäßig einmal im Jahr in eine persönliche „Denkfabrik" an einem abgelegenen Ort zurückziehen.

Manchmal muss man als Unternehmer auch kurzfristig handeln und auch das kann man planen. Stellen Sie sich deshalb vorsorglich folgende Fragen zur anschließenden Beantwortung in Ihrem Plan B: Was mache ich, wenn …

- unser wichtigster Kunde plötzlich abspringt?
- unser Experte für die Bauleitung abgeworben wird?
- eine Abhängigkeit von wenigen Kunden entsteht?
- ein wichtiger Partner uns die Zusammenarbeit aufkündigt?
- ein wichtiger Termin nicht zu halten ist?
- ein Liquiditätsengpass droht?
- die Sekretärin eines potenziellen Kunden von mir wissen will, warum ich anrufe?

5.3 Zertifizierungen

Bevor ich zum Schluss auf das Thema Nachfolge komme, möchte ich auf eine weitere Entwicklung in der Branche aufmerksam machen, die Zertifizierungen. Die klassische Variante der Qualitäts-Zertifizierung ist auch für Planungsbüros das Qualitäts-Management-System (QMS). Viele haben das auch schon vor längerer Zeit begonnen, dann aber doch nicht bis zum Ende für eine Zertifizierung durchgehalten. Einigen war es zu teuer, zu zeitaufwendig oder auch zu wenig praktikabel.

Neue Versionen kommen auf, z. B. die QM-FIBEL (Göbel et al. 2014). Mit dieser Qualifizierung und anschließenden Zertifizierung sprechen die Entwickler Architekten und Ingenieure an, und auch hier geht es um das Management-System. Es gibt spezielle QM-Zertifizierungen, z. B. im Bildungswesen, es gibt die Präqualifikation von Bauunternehmen (PQ VOB), und bei der „Praxisinitiative erfolgreiches Planungsbüro" (PeP) können sich die Hersteller von Büro- und Management-Software für Planer zertifizieren lassen.

Spezielle Zertifizierungen können angestrebt werden, z. B. für die Nachhaltigkeit am Bau, oder Energie-Management-Systeme und neuerdings auch für Compliance. Wenn ein Planungsbüro eine Zertifizierung erwerben möchte, ist es schon aus Kostengründen gut beraten, sich entsprechend vorzubereiten. Beispielsweise könnten Sie sich für eine Management-Zertifizierung folgende Fragen stellen:

- Welches Marktpotenzial (ggfs. unterteilt nach Fachgebieten) haben wir?
- Wie weit geht unser Einzugsgebiet und ist unser Standort (ggfs. auch der Filialen) noch richtig?
- Ist unser Leistungsspektrum noch zeitgemäß und haben wir die richtigen Partner?
- Wer sind unsere Kunden und potenziellen Kunden und was wissen wir von ihnen?
- Welche Wettbewerber haben wir, was können die besser als wir und was können wir besser als die? Welche räumliche und technische Ausrüstung erwarten die Auftraggeber heute von einem Planungsbüro?
- Wie gut ist unsere betriebswirtschaftliche Performance im Vergleich zur Branche (Kennzahlen)?
- Wie bekommen wir Informationen und Anregungen für unsere Arbeit? Wie werden sich die Rahmenbedingungen für unsere Tätigkeit verändern?
- Sind wir zufrieden mit unserer Selbstdarstellung, unserer Akquisition und unseren Beziehungen?
- Wie beurteilen wir die Risiken und Chancen für unsere Zukunft?

Vielleicht erstellen Sie dieses Programm gemeinsam mit einem Unternehmensberater und kommen bereits dabei auf Verbesserungsvorschläge, die anschließend in eine Zertifizierung einfließen.

Die bisher besprochenen Zertifizierungs-Systeme betreffen Unternehmen. Es gibt aber auch persönliche Qualifikationen. Am bekanntesten in der Branche sind die Zulassungen als Prüfingenieur, Sicherheits- und Gesundheitsschutz-Koordinator sowie Sachverständiger (z. B. für Brandschutz). Viele Kammern vergeben Weiterbildungspunkte für die Teilnahme an Seminaren, und die Bayerische Ingenieurkammer-Bau bietet ein berufsbegleitendes Trainingsprogramm für den optimalen Einstieg von jungen Ingenieuren in das Berufsleben an Es wäre zu wünschen, dass diese Beispiele Schule machen. Allerdings würde ich mir wünschen, dass dann auch etwas Betriebswirtschaft darin vorkommt.

5.4 Regelung der Nachfolge

„Am meisten ärgere ich mich heute über ein Versäumnis – eine verpasste Chance. Ich hätte mein Unternehmen viel früher übergeben sollen. Ich hätte früher loslassen sollen". (Rosenbauer 2014). Ein anderer Fall: Der Inhaber eines wirtschaftlich gut geführten Architekturbüros in einer Gegend, wo andere Urlaub machen, sucht einen Nachfolger, weil er selbst keine Kinder hat, seine Kaufpreisvorstellungen sind moderat. Er findet auch einen jungen Architekten, der gut zu ihm passt, der aus einer Gegend kommt, wo nicht so viele Urlaub machen. Der potenzielle Nachfolger kommt und zieht um. Am Ende der für zwei Jahre vereinbarten Findungs- und Gewöhnungszeit erklärt der Junior unvermittelt, dass er doch lieber einen sicheren Job beim örtlichen Bauamt annehmen wolle.

Diese beiden Beispiele schildern zwei typische Fälle einer missglückten Nachfolgeregelung Der Senior kann nicht loslassen bzw. der Plan B fehlt. Weitere Gründe können sein:

- zu wenig Zeit,
- unrealistische Kaufpreisvorstellungen,
- zu idealistische Ansprüche an den Nachfolger,
- mangelnde Flexibilität und fehlende Bereitschaft zum unternehmerischen Risiko auf Seiten der potenziellen Nachfolger.

Zwar ist das Problembewusstsein gestiegen. Es gibt mehr Abhandlungen und Bücher zum Thema, beim Verband Beratender Ingenieure (VBI) wurde eine spezielle Betreuung für solche Nachfolge-Partnerschaften eingerichtet und mehrere Kammern bieten Sprechstunden zur individuellen Organisation der Nachfolge an. Aber gelöst ist das Problem vielfach noch nicht.

Es gibt vier typische Möglichkeiten der Unternehmensnachfolge.

Beginnen wir mit der familiären Nachfolge. Bei Familiengesellschaften ist das verständlicherweise die erste Idee. Oft scheitert dieses Vorhaben daran, dass Unternehmerkinder selbst keine Unternehmer sind und oft auch nicht werden wollen. Das wiederum sieht der Vater nicht ein und wartet und wartet, bis er schließlich nach langem Zeitverlust doch nach einer anderen Alternative suchen muss. Manchmal traut der Senior auch dem Sohn oder der Tochter nicht zu, dass sie diese Aufgabe erfüllen kann. In diesem Fall kann es sinnvoll sein, einen erfahrenen Mitarbeiter mit in das neue Führungsgremium einzubeziehen. Der Kaufpreis spielt bei dieser Form der Unternehmensübergabe nicht die größte Rolle. Es geht mehr darum, dass die Tradition des Unternehmens erfolgreich ohne den Senior fortgesetzt werden kann, dessen endgültiges Ausscheiden dadurch abgefedert werden kann, dass er als wichtige Aufgabe noch die Geschichte seines Unternehmens aufschreibt und dem Beirat angehört, um ihm das Loslassen zu erleichtern.

Die zweite Form der Übergabe kann die Nachfolge durch Mitarbeiter des Unternehmens sein, die der Senior natürlich rechtzeitig fragen muss. Für diese Form der Nachfolge sprechen mehrere Gründe. Der Nachfolger kennt das Unternehmen bereits und ist meistens auch bei den Kunden bekannt. Er oder sie haben aufgrund ihrer bisherigen Tätigkeit bereits zum Überschuss des Unternehmens, der für die Unternehmensbewertung zugrunde gelegt wird, beigetragen. Sie kennen die Gepflogenheiten im Unternehmen sowie den Umgang miteinander. Sie bekommen eine Chance, die sie einem großen Konzern wie Siemens oder Daimler nicht hätten. Natürlich stellt dies auch eine große Herausforderung für den Nachfolger dar. Er muss den Übergang seines Status vom Kollegen zum Chef professionell managen und er muss dafür Sorge tragen, dass der Senior sich sukzessive aus dem aktiven Berufsleben zurückzieht und die Verantwortung an ihn abgibt.

Die dritte Form der Nachfolge geschieht über einen externen Kandidaten, der qualifiziert ist und diese Chance in seiner jetzigen Position und Firma z. B. wegen der Regelung einer familiären Nachfolge nicht bekommt. Finanzierungsschwierigkeiten sollte es ähnlich wie im Falle der Mitarbeiter-Nachfolge weniger geben, weil die Gründerhilfen der KfW dafür in Anspruch genommen werden können. Da ein solcher Nachfolger normalerweise nicht gleich als Geschäftsführer und Gesellschafter beginnt, sondern sich zunächst einarbeiten muss, ist diese Situation vergleichbar mit der Nachfolgeregelung für Mitarbeiter. Und wie das obige Beispiel gezeigt hat, ist in diesem Fall ein Plan B z. B. in Form der nachstehenden Übergabeform besonders wichtig.

Schließlich kann die Übergabe eines Planungsbüros in der Weise erfolgen, dass es von einem anderen Unternehmen übernommen wird. Dieser Vorgang unterscheidet sich von der persönlichen Nachfolge-Regelung erheblich. Deshalb muss der Übergeber dabei auch eine andere Verhandlungsstrategie verfolgen. Denn es kann sein, dass der potenzielle Übernehmer mehr an den Stammkunden, an den qualifizierten Mitarbeitern oder dem Standort interessiert ist, als an der Fortführung des zu übernehmenden Büros. Diese „weichen" Faktoren gehen deshalb in die Kaufpreisfindung ein und es wäre sinnvoll, wenn der Übergeber in Erfahrung bringt, ob und ggfs. welche Kapitalrücklaufzeit der Übernehmer akzeptieren würde. Aus der Erfahrung weiß man, dass sich die Verhandlungen oft lange hinziehen. Um das zu vermeiden, kann man einen Letter of Intend, also eine Vereinbarung über die maximale Dauer bei gleichzeitiger Vertraulichkeit und Exklusivität treffen.

Von großer Bedeutung für das Gelingen einer Übergabe in allen vier Fällen gleichermaßen ist die Übergangsregelung. Sie beginnt mit der Dauer. Angestrebt wird dabei normalerweise ein Zeitraum von drei Jahren. In dieser Zeit sollte die Übergabe an den Nachfolger sukzessive erfolgen. Es muss der Status des Übergebers als Berater geklärt werden. Das Vorstellungs- und Einarbeitungsprogramm für den Übernehmer ist abzuwickeln, und der Übergeber sollte seine persönlichen Angelegenheiten regeln, bis er sich schließlich in den Beirat verabschiedet.

Nicht immer ist das das Ergebnis einer langen und anstrengenden Bemühung, das eigene Unternehmen in neue Hände zu übergeben, die für den Fortgang sorgen. Auch bei den Planungsbüros wird es einige Inhaber geben, die das nicht oder nicht mehr schaffen. Die wesentlichen Gründe dafür wurden bereits angesprochen. Hinzu kommt, dass im konkreten Fall der Ertragswert oft so gering geworden ist, dass kein materieller Unternehmenswert mehr errechnet werden kann. Das war bei einigen Büros in der Wirtschaftskrise 2007/2008 der Fall.

Auch in dieser Situation sollte man für die Organisation eines geordneten Auslaufens sorgen. Es müssen Arbeitsverträge und Mietverträge gekündigt werden. Bestimmte Versicherungen werden nicht mehr benötigt. Schlussbilanz und Steuererklärungen sind zu erstellen und Aufbewahrungsfristen zu beachten. Schließlich müssen Abmeldungen bei den Behörden und sonstigen Organisationen erfolgen.

Jetzt beginnt die Zeit danach (Goldammer 2014b) und auch diese kann sehr interessant sein. Einige werden noch mal etwas Neues anfangen, andere werden mehr Zeit für ihr Hobby haben und wieder andere werden sich vornehmen, ihrer Partnerin die vergessene gemeinsame Freizeit zurück zu bringen. Wer noch besonders fit ist, kann sich beim Senior Experten-Service für eine befristete Führungsaufgabe im Ausland bewerben und damit dort jungen Leuten helfen.

Was Sie aus diesem Essential mitnehmen können

- Tipps für die Suche und Auswahl von geeigneten Mitarbeitern
- Anregungen für die Mitarbeiter-Motivation
- Denkansätze für die Überprüfung der eigenen unternehmerischen Ziele
- Hinweise für einen erfolgreichen unternehmerischen Auftritt im Internet

© Springer Fachmedien Wiesbaden 2015
D. Goldammer, *Betriebswirtschaftliche Herausforderungen im Planungsbüro*,
essentials, DOI 10.1007/978-3-658-12437-3

Literatur

Göbel G, Marhold K, Weng R (2014) QMFIBEL, Planer am Bau, 2. Aufl. Würzburg

Goldammer D (2011) Organisation der Nachfolge im Architektur- und Ingenieurbüro. Bundesanzeiger/IRB Fraunhofer-Verlag

Goldammer D (2014a) Betriebswirtschaft für Architekten und Bauingenieure. Springer Vieweg, Wiesbaden

Goldammer D (2014b) After Work Balance: Die Zeit danach. Springer VS, Wiesbaden

Goldammer D (2015a) Wirtschaftliche Unternehmensführung im Architektur- und Planungsbüro. Springer Vieweg, Wiesbaden

Goldammer D (2015b) Papa hörst du mir noch zu? edition fischer, Frankfurt a. M.

Rifkin J (2014) In: manager Seminare, Dez

Rosenbauer G (2014) Mein größter Fehler. In: impulse Oktober

Schramm C, Goldammer D, Diesbach L (2014) Die Planungsbüro-Kennzahlen. PeP

So finden Sie Ihre Geschichte. In: impulse, Mai 2015

Welt am Sonntag (2015a) Nr. 36, 06.09.2015

Welt am Sonntag (2015b) Nr. 40, 04.10.2015

© Springer Fachmedien Wiesbaden 2015

35

D. Goldammer, *Betriebswirtschaftliche Herausforderungen im Planungsbüro*, essentials, DOI 10.1007/978-3-658-12437-3